桉恺绘本馆

其他垃圾(干垃圾)之砖瓦陶瓷

林晓慧◎编著　张子剑◎编绘

U0305409

北方妇女儿童出版社
·长春·

有一天，小男孩儿到姑妈家玩耍。

"轰隆隆……"

还没进门，一阵巨大的声响传遍了楼道。

轰

小男孩儿吓得赶紧捂住耳朵。

原来，姑妈家正在装修房子呢！

3

小男孩儿进门一看，门边堆着红色的砖头和灰色的水泥。

它们静静地等待着，准备大显身手。

装修工人戴着纸帽子，正在认真地干活儿。

有的工人打开钻孔机，
用尖尖的钻头对准墙壁，
打出一个又一个的孔洞。

有的工人用力抡起大锤，朝洗手间的墙壁敲去。
"哗啦"一声，墙壁上的砖块儿碎落一地。

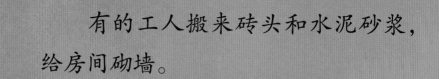

有的工人搬来砖头和水泥砂浆，给房间砌墙。

两名工人一前一后，抬着一筐沉甸甸的东西，准备出门扔掉。

小男孩儿十分好奇，往筐里一瞧，看见了许多破砖头和烂瓦片。这些砖瓦长得奇形怪状，有方形，有圆形，有椭圆形……

"考考你，砖瓦属于什么垃圾？"姑妈问小男孩儿。

小男孩儿眨了眨眼睛，认真地思索起来。

小男孩儿指着筐里的砖瓦，问："叔叔，请问这些砖瓦还能回收利用吗？"

工人叔叔放下箩筐，用毛巾擦了擦汗，摆摆手说：
"不能了。它们太细碎，不适合回收。"
筐里的砖瓦们你看看我，我看看你，都嘟起了嘴。

小男孩儿转了转眼珠儿，说："砖瓦应该也不是湿垃圾和有害垃圾。所以，砖瓦属于干垃圾！"

听了小男孩儿的回答，筐里的砖头和瓦片们击掌庆贺。

姑妈点点头，说："恭喜你，答对了！"

为了给装修工人让路，小男孩儿急忙往后退了几步。

"砰！"

突然，他听到了花盆儿破碎的声音。

原来，小男孩儿的身后放着一个陶瓷花盆儿。
他在后退时，不小心把花盆儿碰倒了！

旁边，大家都顾着干活儿，没人发现花盆碎了。

小男孩儿瞪大眼睛，心里开始打鼓：糟糕！这可怎么办？

小男孩儿想了想，决定主动承认错误。

于是，他连忙跑去跟姑妈说："姑妈，对不起！我不小心打碎了门边的花盆儿……"

姑妈摸了摸小男孩儿的头，笑着说："没关系。它本来就是废弃的，我打算扔掉了。"

小男孩儿悬着的心落了地，露出了轻松的微笑。

姑妈拿来扫帚和簸箕，
把散落的碎片扫到了一起。

姑妈拿来一个塑料袋，把碎片装进袋子里。

"姑妈，让我去扔吧！"小男孩儿自告奋勇地说。

到了楼下的分类垃圾桶面前，小男孩儿却愣住了。

"这个花盆儿属于什么垃圾呢？"他自言自语道。

厨余垃圾

可回收垃圾

这时，塑料袋里花盆碎片争先恐后地提醒他，说："我们是用陶瓷做的。"

"破碎的花盆和陶瓷碗、茶壶、储物罐一样，都是同一种垃圾。"

小男孩儿仔细想了想，问：
"难道，你们属于干垃圾？"

"对！"塑料袋里，
花盆儿碎片激动地相互碰
撞，发出"叮叮咚咚"的
声音。

25

最后，花盆儿碎片叮嘱小男孩儿："扔之前，别忘了给我们套个垃圾袋，不然，我们很容易扎破环保工人的手指哦！"

小男孩儿点点头，小心地将装满陶瓷碎片的垃圾袋，扔进了"干垃圾"的垃圾桶里。

其他垃圾

27

图书在版编目（CIP）数据

其他垃圾（干垃圾）之砖瓦陶瓷 / 林晓慧编著 ; 张子剑编绘 . -- 长春 : 北方妇女儿童出版社 , 2021.1
（垃圾分类知多少？）
ISBN 978-7-5585-4696-9

Ⅰ . ①其… Ⅱ . ①林… ②张… Ⅲ . ①垃圾处理—儿童读物 Ⅳ . ① X705-49

中国版本图书馆 CIP 数据核字 (2020) 第 182180 号

垃圾分类知多少？　　其他垃圾（干垃圾）之砖瓦陶瓷

LAJI FENLEI ZHI DUOSHAO　QITA LAJI (GANLAJI) ZHI ZHUANWA TAOCI

出 版 人：刘　刚
策 划 人：师晓晖
责任编辑：陶　然　石晓磊
封面设计：晴晨时代
开　　本：889mm×1194mm　1/16
印　　张：2
字　　数：50 千字
版　　次：2021 年 1 月第 1 版
印　　次：2021 年 1 月第 1 次印刷
印　　刷：北京天恒嘉业印刷有限公司
出　　版：北方妇女儿童出版社
发　　行：北方妇女儿童出版社
地　　址：长春市龙腾国际出版大厦
电　　话：总编办　0431-81629600
　　　　　发行科　0431-81629633

定　价：36.80 元